▲田切のカーブを行くED19牽引の貨物列車。編成には珍しく冷蔵車のレム5000が繋がっており、単調な色調の編成にアクセントを与えている。機関車次位のタンク車車体には組合による政治扇動の、いわゆるゲバ文字が書き込まれている。 伊那福岡～田切　P:荒川好夫(RGG)

▲ED18が有蓋車ばかりの粒ぞろいの貨車編成を率いて、黄色く色付きはじめた水田が広がる晩夏の伊那路を行く。
1976.9.24　伊那本郷～七久保　P:青柳　明

▲ED19 2号機が、LPガスタンク車を組み込んだ貨物編成を牽く。辺りは枯草も多く、飯田線沿線はすっかり冬支度を整えつつある。 1975.11.24　P:青柳　明

◀「デッカー」の名で知られたEF50と同じイングリッシュ・エレクトリックの血を引くED18(右)。
1992.4.4　豊橋機関区　P:Rail Magazine

▶小さなデッキを持ち、3つ折りの後退角を持つED19 5号機。全溶接車体となり、左右の前面窓は隅にRの付いたものに更新されている。
大田切～宮田　P:小野純一(RGG)

▲ED18のナンバープレートと左右のメーカーズプレート。下にあるのは国鉄の改造工場のプレートで、1号機とは配置が異なる。
1992.4.4　豊橋機関区　P:Rail Magazine

▲JR化後に復活したED18 2号機の公式側の側面。機械室中央の明かり窓のうち、左のものには縦桟が入っている。 1992.4.4　豊橋機関区　P:Rail Magazine

鉄道車輌 ディテール・ファイル
愛蔵版【002】
飯田線のED18・ED19

「動く旧型国電の博物館」と呼ばれた飯田線は、長らく天竜峡から辰野までの北部区間では軸重の重い大型の電気機関車が入線することができなかった。

それは同線が4社の私鉄の買収・合併によって成り立った路線史によるもので、北部を建設した旧伊那電気鉄道はそもそも軌道線に端を発しており、脆弱な規格の線路が多く残っていた。そのような条件に一致する機関車は電化鉄道の黎明期に輸入された舶来電機しかなく、ここでは2形式が1970年代半ばまで活躍を見せた。

南アルプスの山脈を背景に小粋な舶来機が貨物列車を牽いて往く姿は、旧型国電とともに人気であった。本書では模型化心をくすぐられるようなED18・ED19の2形式の姿をじっくりと紹介していきたい。

▲飯田線北部の車輌の中枢を担っていた伊那松島機関区に並んだED18 2とED19 1。東京～国府津間の電化によって輸入された電機のうちの2形式だがその外観は英国製のED18と米国製のED19とで両極端とも言える違いがあり、それがファンの目も楽しませた。 P:小野純一(RGG)

▲駒ヶ岳を背にして短い貨物列車を牽くED19 2号機。元善光寺の石油ターミナルに向かう列車だろうか、3両目のグレーのタンク車はタキ25000でLPガス輸送貨車として飯田線ではよく見られた。 1975.3.29　伊那福岡～田切　P:松尾よしたか

▲復活後のED18が「トロッコファミリー号」の先頭に立つ。EF58 122号機との重連牽引によるトロッコ車両を挟んだ43系客車の編成で、ED18も屋上にJR無線アンテナを装備し、時代に合った保安装置を備えていた。 1994.6.5　柿平～三河槙原　P:松本正敏(RGG)

黒塗りのワムによる編成を従え、田園地帯を行く晩年のED18 2。
1976.9.24　伊那市～下島　P:青柳　明

はじめに

わが国で電気機関車が本格的に普及したのは大正時代に入ってからである。国鉄（当時は鉄道院）で明治時代から電気機関車を導入していたのはアプト式の信越本線碓氷峠のみで、粘着式は1925（大正14）年に東海道本線東京～国府津間と横須賀線の旅客列車で初めて運用を開始することになった。

この時期に、技術的なサンプルを兼ねて欧米から14形式計59両の電気機関車が輸入された。昭和に入ると電気機関車の国産化が軌道に乗り、これら輸入電機はさまざまな改造を受けるとともに支線への転用や私鉄への譲渡が進み、昭和40年代末時点では2形式9両が国鉄に残るのみとなっていた。

その2形式とは、イングリッシュ・エレクトリック製のED50とED52（当初の形式は1040と6000）から改造・改番を経たED18と、ボールドウィン（車体）とウェスティングハウス（電装）が製造したED53（当初の形式は6010）から改造されたED19である。在籍数はそれぞれ3両と6両で、すべて伊那松島機関区に配置され飯田線飯田～辰野間で貨物運用に就いていた。同線は私鉄買収路線で線路規格が低く、入線できる国産電機がなかったため、小型の輸入2形式がここで生き延びることができた。

本書は『鉄道車輌ディテール・ファイル』の「006 飯田線のED18」（2010年1月発売）と「008 飯田線のED19」（2010年4月発売）を合わせ、新規ページも加えている。イギリス製とアメリカ製の2形式全機の在りし日の姿を振り返るとともに、模型製作等の資料としても活用していただければ幸甚である。

▲予定されていた貨物列車はウヤとなったのだろうか？機関車と緩急車の2輌だけとなった編成が収穫の終わった耕作地を横目に走り去る。
1975.11.5　山吹～伊那大島　P：青柳　明

飯田線のED18

1　ED18の歩み

ED18には初代と2代目があり、初代が登場したのは1931（昭和6）年。1923年にイングリッシュ・エレクトリックで製造された6輌のED52（当初は6000）のうち、3〜6の4輌が1931〜44（昭和6〜19）年に勾配線用に歯車比を低速化する改造を受け、ED18 3〜6と改称された。

戦後、そのうちのED18 4〜6は装備改造によりED17に編入されるが、ED18 3だけは線路規格が低い飯田線北部における、私鉄買収電機の置き換えに充当される。そのままでは軸重過大で入線できないので、中間に軸重軽減のための走輪を持つ台車を新製し、車軸配置をA1A-A1Aに改めた。機番には変更なく、そのままED18 3を名乗り続けるが、中身が変わったのでこれを2代目として区別する。

これと前後してED17 17とED17 16も同様の台車に履き替え、それぞれ空き番だったED18 1、ED18 2と命名された。この2輌もイングリッシュ・エレクトリック製で、元はED50（新製時は1040）だったもの。ルーツであるED50とED52は、歯車比が違うだけで車体外観は基本的に同様である。

3輌が揃った2代目ED18は、1959（昭和34）年前後の一時期を西国立で過ごした以外、ED19とともに飯田線北部で貨物列車牽引に活躍し、ED62への置き換えで1976（昭和51年に運用を終える。1と3は解体されたが、2だけは浜松工場入換機として余生を送り、さらに1992（平成4）年に動態復元され、2005（平成17）年までイベント列車に使用された。

2　本書に登場するED18各機の履歴

参考文献：月刊『レイル・マガジン』2008年10月号特別付録／沖田祐作　編『機関車表　国鉄編Ⅱ　電気機関車・内燃機関車の部』

■ED18 1の経歴

1924	1056として製造（車体:ノース・ブリティッシュ、電装:イングリッシュ・エレクトリック）
1924.10.20	東京に配置
1928.10.1	ED50 17に改番（直後の配置は不明）
1931.1.29現在	甲府
1938.9.8	ED17 17に改造〜甲府に配置
1938.10.25	運転室前面外側踏板および手スリ取付
1941.8.19	連結器解放テコ両側化
1953.2.6	パンタグラフをPS14に換装
1954.3.2	ED18 1に改造（浜松工場）
1954.3.9	伊那松島（豊橋？）に配置
1959.1.23	西国立に転属
1960.3.27	中部天竜に転属
19??	伊那松島に転属
1976.9.21	廃車（最終配置:伊那松島）

■ED18 2の経歴

1923	1055として製造（車体:ノース・ブリティッシュ、電装:イングリッシュ・エレクトリック）
1924.7.16	東京に配置
1928.10.1	ED50 16に改番（直後の配置は不明）
1931.9.29現在	甲府
1938.2.4	ED17 16に改造〜甲府に配置
19??	鳳に貸出
1946.5.14	甲府に返却
1950.6.30（7.3？）	標準化改造（川崎車輌）
1955.2.3	ED18 2に改造（浜松工場）
1955.2.5	豊橋に配置
1958.11.5	西国立に貸出
1958.11.27	豊橋に返却
1959.1.16	西国立に転属
1959.3.14（1960.1.14？）	中部天竜に転属
19??	伊那松島に転属
1979.3.31	廃車（最終配置:伊那松島）
1991	佐久間レールパークに保存
1992.3.25	JR東海に車籍復帰、静岡に配置
2005.5	不具合から運行終了
2009.3.31	廃車
2011.3	リニア・鉄道館にて展示保存

■ED18 3の経歴

1923	6005として製造（車体:ノース・ブリティッシュ、電装:イングリッシュ・エレクトリック）
1924.7.16	東京に配置
1928.10.1	ED52 3に改番（直後の配置は不明）
1935.5.15	八王子に転属
1944	ED18 3に改造
1944.5.4	甲府に配置
1952.7.2	パンタグラフをPS14に換装、標準化改造
1954.3.27	ED18 3に改造（大宮工場）
1954.3.5（4.13？）	豊橋に配置
1959.2.21	西国立に転属
1960.2.15	中部天竜に転属
19??	伊那松島に転属
1975.9.18	廃車（最終配置:伊那松島）

3　飯田線のED18のディテール

ED18 1

2エンド側から見たED18 1。側面の通風器は原形の3段から4段に増設されている。増設分はスペースの関係で上下寸法が小さい。
1965.3.3 中部天竜支区　P:小林正義

ED18 1

2エンド側を前頁と逆サイドから見たED18 1。どちらの側面も、中ほどにある2つの窓は向かって左側のみ縦桟がある。1965年時点から前端梁向かって右のステップの位置と形状が変化している。
1969.8.31　P:戸枝裕雄

1965年時点のED18 1、2エンド側正面を見る。台車前端梁の右端とエアホースの上に大小のステップがある。1965.3.3　中部天竜支区　P:小林正義

1976年時点のED18 1の2エンド側。前端梁右端のステップは撤去されてボルトが残り、代わりのステップが車体から吊られている。また、エアホース上のステップも形状が変化している。ナンバープレート下に手スリが追加され、左右の手スリの下の方が白く塗られたのも目立つ。1976.9.24　伊那松島機関区　P:青柳 明

ED16 1

伊

◀ 一時的に西国立に配置されていた当時のED18 1。旧型の避雷器が見える。速度計は機械式。1959.8.31　西国立支区　P:小林正義

▼ 既に廃車となり、機関区に留置されているED18 1。避雷器は円筒型。ED18の側面乗務員ドアは、機関士席側しかない。1976.9.24　伊那松島機関区　P:青柳 明

ED18 1

2エンド側から見た晩年のED18 1。貫通ドアの窓枠にテープが貼られているが、これは隙間風防止のためと思われる。逆に夏場は換気のため貫通ドアを開けたまま走ることが多かった。1975.3.21　伊那福岡　P:青柳 明

▲ ED18 1の側面の銘板。円形の2枚は製造したノース・ブリティッシュとイングリッシュ・エレクトリックのもので、下の楕円はED18化改造を行なった浜松工場のもの。1965.3.3　中部天竜支区　P:小林正義

▲ ED18化の際に新製した台車は棒台枠で、中にあるブレーキ機構が見える。1965.3.3　中部天竜支区　P:小林正義

2軸貨車6輌を従えて、のんびりと走るED18 1。この時点ではまだ前面ナンバープレート下の手スリ増設や、左右手スリの白塗りは行なわれていない。水窪付近　P:小林正義

ED18 2

ED18 2

2エンド側から見たED18 2。側面の通風器は原形である3段の姿を保っており、1号機で行なわれた4段化は最後まで未施工だった。 1965.3.3　中部天竜支区　P:小林正義

ED18 2
豊

2エンド側から見たED18 2。本機とED18 3は側面の通風器が増設されず、原形の3段のままとなっている。この時点で速度計は電気式に改造済。1970.3.14　P:小林正義

1エンド側から見たED18 2。屋根前端、向かって左側にある手スリの形状がED18 1より大きい。1970.3.14　中部天竜支区
P:小林正義

ED18 2

▲ED18 2の2エンド運転席側のサイド。側面上端にはパンタ前側のシューの位置に三角のマークがある。乗務員ドア脇の手スリは前後で長さが異なる。 1971.3.14　水窪　P:小林正義

▼上写真よりも後の時期のED18 2。前照灯（150W→250W）と避雷器が交換され、前面ナンバープレート下には手スリが増設されているほか、乗務員ドア脇の手スリは形状が球体留め具から曲げパイプに変更、下部が白塗装されている。側面上端の三角マークは後側のシューの位置に改められている。 1975.11.5　伊那市～下島　P:青柳　明

▲ デッカーの特徴である通風器が並んだ側面を見る。モデルではこの立体感を過不足なく表現したい。1976.9.24　駒ケ根　P:青柳 明

稲穂が実った秋の伊那路を行くED18 2。引退まであとわずかという時期のシーンである。1976.9.24　七久保～伊那本郷
P:青柳 明

（上）デッキが付いたED18 2の全景。屋根肩の前端に架線注意標記が追加されている。浜松工場　P:戸枝裕雄

（左）飯田線での運用を終えてしばらくして、浜松工場で入換機となったED18 2の前面にはデッキが追加された。浜松工場 P:戸枝裕雄

▶浜松工場入換機時代のED18 2は、デッキ追加以外は基本的に現役時のままの姿だが、ノース・ブリティッシュとイングリッシュ・エレクトリックの銘板が外されている。浜松工場　P:戸枝裕雄

▲ED18 2の側面の銘板はED18 1と配置が異なり、川崎車輌で標準化改造した際の長方形のものもある。1976.9.24　駒ケ根　P:青柳 明

◀ 追加されたデッキの上面にはT型目の滑り止めがある。浜松工場　P:戸枝裕雄

◀ デッキ追加に伴い前方に張り出した位置となった連結器と解放テコはこのような構造になっていた。浜松工場　P:戸枝裕雄

◀ 砂箱は各動輪に1個ずつ、台車の外側に配置。これとの干渉を避け軸箱の蓋の軸は台車内側にある。浜松工場　P:戸枝裕雄

▶ 台車前端梁はブロック状の鋳鋼製で、棒台枠とボルトで固定されている。浜松工場　P:戸枝裕雄

▶ 中間従輪は動輪より径が小さく、独特な機構で重量を分担させている。浜松工場　P:戸枝裕雄

▶ ATS車上子は2エンド側台車の後端梁に吊られている。後端梁も鋳鋼製で、固定ボルトの六角形の頭の向きが揃っている。浜松工場　P:戸枝裕雄

JR東海で復活したED18 2は台車前端梁と車体向かって右側の各ステップがデッキ装着時に撤去されたままとなっている。また、左右手スリの白塗装もなく助士席上の屋根に無線アンテナが追加されている。1992.4.4　豊橋運輸区　P:RM（青柳 明）

▲ ED18 2の運転台。メーター類が窓に割り込んだ位置にあり、視界はあまり良くない。1992.4.4　豊橋運輸区　P:RM（青柳 明）

動態復元されたED18

ED18 2は国鉄の輸入電機の中で最後まで稼動を続けたが、1976（昭和51）年中に飯田線北部での運用を終えた。それからしばらく休車で保管された後、浜松工場の入換機に転用されて余生を送った。その際、前面にデッキを追加している。やがてその仕業も解任され同工場で保管されていたが、1991（平成3）年4月にオープンした佐久間レールパークにデッキを外した姿で展示された。

久しぶりに公の場に現れたED18の麗姿に人々は感激したものだが、さらにうれしいニュースが続く。1992（平成4）年に動態復元のうえ、飯田線でのイベント列車を牽引することになったのである。現役時代は貨物運用ひと筋だったED18が旅客列車を牽引するとは全く想像していないことだった。

人気を博したED18 2の運転は残念ながら2005（平成17）年に終了。その後、本機はJR東海が2011（平成23）年にオープンしたリニア・鉄道館で展示・保存されている。

EF 58 157

1992年に動態復帰を果たしたED18 2が同様にJR東海で運転されていたEF58 157と並んだシーン。1992.4.4　豊橋運輸区
P:青柳 明

ED18 3

ED18 3を2エンド助士席側から見る。機械式速度計で避雷器は旧型。側面の銘板の配置はED18 1と同じである。本機のこの面の中ほどの横長の窓は2枚とも縦桟がない。1959.11.15　中部天竜支区　P:小林正義

ED18 3
火気
厳禁
豊
38-8

2エンド機関士席側から見たED18 3。こちら側の横長の窓は片方に縦桟がある。側面前端の屋根に上がるためのステップはED18 1·2と違い板状のものが追加されている。機械式速度計は両側の台車の右側第2動輪にある。P:戸枝裕雄

ED18 3の2エンド側フロントビュー。各部の塗装を補修した跡がある。P:戸枝裕雄

▲ 独特な形状の台車の全体を見る。ゲージの関係で台車が幅広になる16番(1:80 ／ 16.5mm)などのモデルではカーブでのステップとの干渉が問題となりそうだ。P:戸枝裕雄

▼ ステップには車体から斜めに出た補強が付いている。モデルでもこれは実用上有効になるだろう。P:戸枝裕雄

▲ 機械式速度計の軸は第1動輪上と車体枕梁に支えがあり、それぞれの前後にジョイントを設けている。P: 戸枝裕雄

▼ 台車内部の上方には動輪1輪あたり1個ずつのブレーキシリンダーがある。P: 戸枝裕雄

▲ 速度計の軸のうち、車体枕梁と第2動輪の間の部分は台車の動きに対応し伸縮できる2重構造になっている。P: 戸枝裕雄

▼ いくら見ても飽きないほどユニークな構造の台車。この立体感と機能美をモデルでうまく再現したいものだ。P: 戸枝裕雄

40頁の写真と同じ方向から見た1971年時点のED18 3。
速度計は電気式となり、反対側にしか付いていない。
1971.3.14　中部天竜支区　P:小林正義

ED18 3
豊
S

これも1971年時点の、2エンド機関士席側から見たED18 3。電気式速度計が一番手前の動輪に付き、台車前端染にあったステップが車体側に変更されている。42頁の写真と比較して頂きたい。 1971.3.14　中部天竜区　P:小林正義

ED 523

ED18 3の種車のED52 3当時の貴重な写真。台車が完全に別物なのはもちろん、パンタグラフ、前照灯、ワイパー、手スリなど、各部の形態が変化したことがわかる。P（所蔵）：小林正義

▲セメント列車を牽引し、飯田線を行く最晩年のED18 2。のどかな伊那路の風景に小粋な輸入機がよく似合っていた。
1975.11.5　伊那市～下島　P:青柳　明

ED18形電気機関車形式図

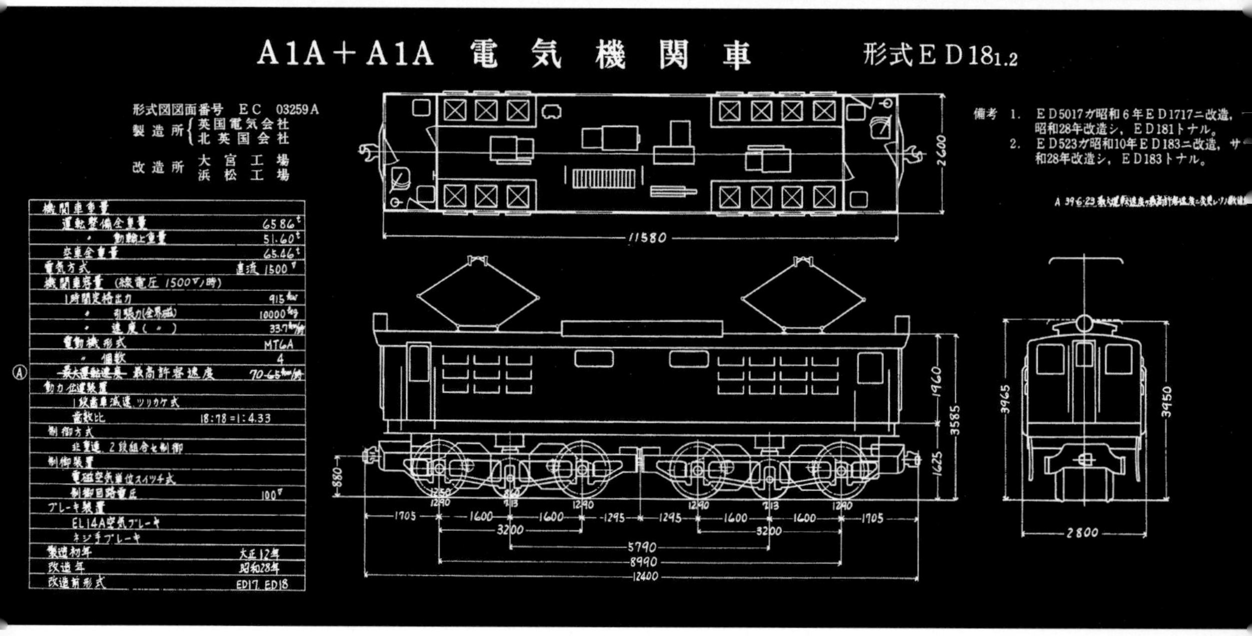

機関車重量	
運転整備全重量	65.86t
〃　動輪上重量	51.60t
空車全重量	65.46t
電気方式	直流 1500V
機関車容量（線電圧 1500Vノ時）	
1時間定格出力	915kW
〃　引張力（全界磁）	10000kg
〃　速度（〃）	33.7km/時
電動機形式	MT6A
〃　個数	4
Ⓐ ~~最大運転速度~~ 最高許容速度	70-65km/時
動力伝達装置	
1段歯車減速、ツリカケ式	
歯数比	18:78＝1:4.33
制御方式	
非重連、2段組合セ制御	
制御装置	
電磁空気単位スイッチ式	
制御回路電圧	100V
ブレーキ装置	
EL14A空気ブレーキ	
ネジ手ブレーキ	
製造初年	大正12年
改造年	昭和28年
改造前形式	ED17、ED18

飯田線のED19

1　ED19の歩み

日本の電気機関車黎明期に、欧米からサンプル的に輸入された機関車のなかに、1925（大正14）年製（日本到着は翌年）の6010があった。車軸配置1B-B1、全長12.5mという可愛らしいこの機関車アメリカ製で、車体はボールドウィン、電装品はウェスティングハウスによる。6010〜6015の6輌が輸入され、1928（昭和3）年の形式称号規程改正でED53 1〜6に改番された。

形式番号が50番代であることからわかるようにED53は旅客用で、当初は東海道本線東京口などで運用された。輸入機群の中で特に信頼性が高かったと言われ、1・2号機はお召牽引機に指定されている。

1937（昭和12）年以降、勾配のある仙山線、中央本線、上越線などに転用するため、歯車比変更などの改造のうえED19と改称される。その際、まずED53 3〜6をED19 1〜4に改造。1・2号機は引き続きお召列車に使用され、1941（昭和16）年にED19 5・6となった。

1943（昭和18）年から1959（昭和34）年にかけ、6輌は順次飯田線に転じ、最終的にED18とともに全機が伊那松島機関区に集結する。そして、飯田線北部の貨物列車の任務を全うし、1976（昭和51）年に全廃となった。ED19としてのトップナンバーであるED19 1（元ED53 3）は、長野県箕輪町で静態保存されている。

▲ 飯田線の名所中の名所、「田切の大カーブ」を行くED19牽引貨物列車。模型のレイアウトそのもの、という感じの情景である。　1975.3.21　伊那福岡〜田切
P:青柳 明

▲天竜川の支流、中田切川の鉄橋を渡るED19 2号機牽引の貨物列車。タキ35000やタキ9900など、大型のタンク車も連ねて辰野へ向かう。
1975.8.3　田切～伊那福岡　P:松尾よしたか

2　ED19の履歴

参考文献：月刊『レイル・マガジン』2008年10月号特別付録／沖田祐作　編『機関車表　国鉄編Ⅱ　電気機関車・内燃機関車の部』

■ED19 1の経歴

1925	6012として製造(ボールドウィン／ウェスティングハウス)
1926.11.9	東京に配置
1927.3.30	国府津に転属
1928.10.1	ED53 3に改番
1928.10.12	東京に配置
1935.3.16	沼津に貸出
1935.3.29	東京に返却
1935.9.26	八王子に貸出
1935.11.23	東京に返却
1936.6.22	八王子に貸出
1936.8.14	東京に返却
1938.2.18	ED19 1に改造(大宮工場)
1938	作並に配置
1941.11.3	番号板を木製に取替
1942.5.2	パンタグラフをPS10Bに取替
1944.5.10 (5.9?)	八王子に転属
1944.5.27	西国立に転属
1944.8.9	八王子に貸出
1944.8.11	西国立に返却
1950.8.31	番号板を金属製に取替
1958.5.1現在	西国立
195?	八王子に転属
1959.1	豊橋に転属
1959.1.26	中部天竜に転属
1960.2.3	伊那松島に転属
1975.9.18	廃車(最終配置:伊那松島)
1975.11	長野県 箕輪町郷土博物館前庭に保存展示

■ED19 2の経歴

1925	6013として製造(ボールドウィン／ウェスティングハウス)
1926.11.9	東京に配置
1927.3.30	国府津に転属
1928.10.1	ED53 4に改番
1929.1.13	東京に配置
1937.6.23	八王子に転属
1937.8.30	ED19 2に改造(大宮工場)
1937.8.31	水上に配置
1937.10.1	作並に転属
1942.10.30	パンタグラフをPS10Bに取替
1944.1.21 (1.25?)	豊橋に転属
1944.9.24	飯田線温田～為栗間で事故大破
1950.2.1	日立製作所水戸工場入場
1950.6.6	日立製作所水戸工場出場
1953.11.1	伊那松島に貸出
1954.3.10	伊那松島に転属
1976.3.19	廃車(最終配置:伊那松島)

■ED19 3の経歴

1925	6014として製造(ボールドウィン／ウェスティングハウス)
1926.11.20	東京に配置
1927.3.29	国府津に転属
1928.10.1	ED53 5に改番　直後の配置先不明
1928.10.15	空気制動化改造、ハシゴ取付
1937.9.15 (9.25?)	ED19 3に改造(大宮工場)

1937.9.26	水上に配置
1937.10.12	作並に転属
1941.9.27	番号板取外
1944.6.1	甲府に転属
194?	作並に転属
1948.5.1	豊橋に転属
1950.6.22	パンタグラフをPS13に取替
1954.5.20	伊那松島に貸出
1954.8.4	豊橋に返却
1954.8.12	伊那松島に貸出
1954.10.31	豊橋に返却
1955.2.1	伊那松島に貸出
1955.3.10	伊那松島に転属
1955.11.11	標準装備に改造
1976.5.12	廃車(最終配置:伊那松島)

■ED19 4の経歴

1925	6015として製造(ボールドウィン/ウェスティングハウス)
1926.11.20 (11.30?)	東京に配置
1927.3.30	国府津に転属
1928.10.1	ED53 6に改番
1928.10.12	東京に配置
1933.3.21	八王子に貸出
1933.7.5	八王子に転属
1934.5.3	東京に貸出
1934.8.13	八王子に返却
1934.10.4	東京に転属
1936.5.1	八王子に貸出
1936.6.6	東京に返却
1937.9.21	水上に転属
1937.9.20	ED19 4に改造(大宮工場)
1937.10.11	作並に配置
1943.10.2 (10.1?)	豊橋に転属
1953.1.21	伊那松島に貸出
1953.2.28	豊橋に返却
1953.5.21	伊那松島に貸出
1953.6.7	豊橋に返却
1955.8.3	伊那松島に貸出
1955.8.7	豊橋に返却
1955.11.22	伊那松島に貸出
1955.12.1	豊橋に返却
1955.12.6	伊那松島に貸出
1956.2.1	伊那松島に転属
1975.11.25	廃車(最終配置:伊那松島)

■ED19 5の経歴

1925	6010として製造(ボールドウィン/ウェスティングハウス)
1926.10.2 (10.10?)	東京に配置
1927.3.28	国府津に転属
1928.8.6	東京に転属
1928.10.1	ED53 1に改番　直後の配置先不明
1938.6.28	パンタグラフをPS10Bに取替
1938.6.31	八王子に貸出
1938.8.10	返却
1938.8.12	八王子に貸出
1938.9.14	返却
1939.5.22	甲府に貸出
1939.6.7	甲府に転属
1941.7 (10.10?)	ED19 1に改造　直後の配置先不明
1944.6.20	豊橋に転属
1953.3.14	伊那松島に貸出
1953.3.31	豊橋に返却
1953.6.27	伊那松島に貸出
1953.10.10	豊橋に返却
1954.5.21	伊那松島に貸出
1955.3.10	豊橋に返却
1955.8.1現在	豊橋(伊那松島?)
1956.1.13	装備改善施工
1956.5.25	伊那松島に貸出
1956.6.8	豊橋に返却
1956.7.1現在	豊橋
1957.4.9	伊那松島に貸出
1957.4.19	豊橋に返却
1957.8.21	伊那松島に貸出
1957.10.15	豊橋に返却
1958.9.6	伊那松島に貸出
1958.10.17	豊橋に返却
1959.4.4	屋根板取替
1961.7.20	伊那松島に転属
1976.3.19	廃車(最終配置:伊那松島)

■ED19 6の経歴

1925	6011として製造(ボールドウィン/ウェスティングハウス)
1926.10.22	東京に配置
1928.10.1	ED53 2に改番　直後の配置先不明
1941.7.24 (1?)	ED19 6に改造(大宮工場)　直後の配置先不明
1943.1.15現在	甲府
1943.8.1	豊橋に転属
1955.5.4	伊那松島に貸出
1955.5.9	豊橋に返却
1955.9.4	伊那松島に貸出
1955.12.7	装備改善施工
1955.12.7	豊橋に返却
1956.3.9	伊那松島に貸出
1956.3.28	豊橋に返却
1957.3.20	伊那松島に貸出
1957.3.30	豊橋に返却
1957.9.5	伊那松島に貸出
1957.10.15	豊橋に返却
1959.5.9	中部天竜に転属
1959.9.3	伊那松島に貸出
1959.9.5	中部天竜に返却
1959.9.11	伊那松島に貸出
1959.10.29	中部天竜に返却
1960.8.4	豊橋に転属
1960.9.11	伊那松島に貸出
1960.10.28	豊橋に返却
1961.3.2	伊那松島に貸出
1961.3.31	豊橋に返却
1961.7.20	中部天竜に転属
1965.7.20	伊那松島に貸出
1965.8.21	中部天竜に返却
1966.3.18	伊那松島に貸出
1966.4.28	中部天竜に返却
1969.10.5	伊那松島に転属
1976.8.6	廃車(最終配置:伊那松島)

3　ED19のディテール

ED19 1

▲ED19 1の1エンド側正面。前面窓が大きな長方形で縁取がない。1963.3.26　伊那松島　P:戸枝裕雄

▲2軸貨車編成の先頭に立つED19 1。当時の飯田線には貨物取扱駅が多く、入換を繰り返しながら運転していた。1963.3.26　伊那松島　P:戸枝裕雄

ワ
10099
形式ワ10000
B2

ED19 1

▲ 1エンド側から見たED19 1の全景。側面の前後に縦樋があり、エアーフィルターの目は横方向。この時点で速度計は機械式で、両台車とも左後の動輪に速度検出部がある。1967.3.26　上諏訪　P:戸枝裕雄

▲2エンド側から見たED19。本機のパンタグラフはPS15に換装されていた。1963.3.26　伊那松島　P:戸枝裕雄

▲ ワフ1輌を従えたED19 2が行く。前面窓は大きな長方形で縁取がある。標識灯はいわゆるガイコツ形。1975.11.6　伊那市〜下島　P:青柳 明

ED19

▲ 1エンド側から見たED19 2。パンタグラフは大柄のPS14で、側面の形態はED19 1に準ずる。速度計は電気式に交換されている。ED19 2～6の側面には縦樋がない。1975.11.6　駒ヶ根　P: 青柳 明

▲ セメント列車を牽引するED19 2。前から見ると銀色に輝く先輪踏面が目立つ。車体と前端梁の幅、軌間の関係をモデルで的確に再現するには、やはりファインスケールのメリットが大きい。1975.11.6　伊那松島　P: 青柳 明

ED 92

安全
ED

◀ ED19 2が貨物扱で停車中、半流線型の旧型国電の普通列車を待避。有人踏切や背後の建物も、時代を感じさせる。
1975.11.6　駒ヶ根　P:青柳 明

ED19 3

ED19 3

▲1959年当時のED19 3を2エンド側から見る。パンタグラフはPS15で、側面の形態はED19 2に準ずるが、前面窓は小さく四隅にRがあり縁取はない。速度計は機械式で信号炎管も未装着。気笛が機関士側前面窓上にある。 1959.11.15　伊那松島機関区　P:小林正義

▲ ED19 3の1エンド左側の下廻り。ブレーキシリンダーの後に手ブレーキのテコがある。1963.3.26　中部天竜支区　P:戸枝裕雄

▲ ED19 3の2エンド左側。こちらには手ブレーキがない。速度計は電気式化され、2エンド左の第1動輪の軸箱に速度検出部がある。1963.3.26　中部天竜支区
P:戸枝裕雄

▲ED19 4も前面窓は小さく四隅にRがあり、窓に縁取がない。機関士席側前面窓の上には気笛を移設した痕跡と思われるボルトが見える。
1963.3.26　中部天竜支区　P:戸枝裕雄

▲ ED19 4の前端梁を見る。鋳鋼製で数多くの穴があり、デッキを乗せる座も一体になっている。1963.3.26　中部天竜支区　P:戸枝裕雄

▲ED19 4のパンタグラフはPS15で、それを降ろすと前照灯背面とのクリアランスがぎりぎりとなる。窓に縁取がないため、ワイパーのブレードの一部が妻板の鉄板部分に乗り上げている。 1963.3.26　中部天竜支区　P:戸枝裕雄

▲ デッキ左右のステップは上の2段と下の2段で幅が異なる。また、その脇にある手スリは車体寄りの方が大きい。1963.3.26　中部天竜支区　P:戸枝裕雄

▲ 台車前部を上から見ると棒台枠や先台車坦バネの構造がよくわかる。1963.3.26　中部天竜支区　P:戸枝裕雄

▲ 動輪のブレーキシューは後側のみの片押し式。それを作動させるブレーキロッドの中間部は丸棒となっている。1963.3.26　中部天竜支区　P:戸枝裕雄

▲ ED19 4の2エンド側台車端部を見る。先輪は9本スポーク。ブレーキシリンダーには小さな三菱のマークがある。1963.3.26　中部天竜支区　P:戸枝裕雄

▲ 1967年時点でED19 4の速度計はまだ機械式だった。シャフトの中間にステーがあり、その前後にジョイントがある。1963.3.26　中部天竜支区　P:戸枝裕雄

▲ 新製時の砂箱は箱型のものを前面窓下に付いていたが、後年の改造で一般的な軸箱脇になっている。1963.3.26　中部天竜支区　P:戸枝裕雄

▲ 第2動輪と砂箱を見る。砂撒管の先端部は台枠から伸びた帯材によるステーで支えている。1963.3.26　中部天竜支区　P:戸枝裕雄

ED19 4
伊
S

▲ 2エンド側から見たED19 4。車体形状はED19 3に準ずる。この時点では速度計が電気式化され、2エンド左側第1動輪に速度検出部がある。晩年のED19はデッキステップ脇の手スリが白く塗られていた。 伊那新町 P:滝川精一

ED19 5

▲ 晩秋の田園風景の中を行くED19 5牽引の貨物列車。飯田線の架線柱は木製とコンクリート製が混在していた。1975.11.5　七久保〜伊那本郷　P:青柳 明

ED19 5

▲2エンド側を前に走るED19 5のサイドビュー。ATS車上子は2エンド側台車の後端梁に付いている。1975.11.6　北殿付近　P:青柳 明

▲ED19 5のフロントビュー。パンタグラフはPS15で、前面窓の形状はED19 3・4と同様に小さく四隅にRがあり、縁取はない。
1975.11.5　山吹～伊那大島　P:青柳　明

▲ 速度計が機械式で信号炎管がなかった頃のED19 5。後にはEF10投入以前に飯田線南部で使用されていたED17が見える。旧型国電も当時は茶色塗装だった。
1959.4.21　伊那松島機関区　P:小林正義

▲ 1エンド側から見たED19 5。本機は車体側面のリベットや継目がない。また、側面窓も四隅にRがあり、機械室部の窓は小さくなっている。エアーフィルターの目が縦になっているのも本機の特徴。1975.11.6　伊那松島　P:青柳 明

ED19 6

▶ 速度計が機械式で信号炎管が装着された時期のED19 6を1エンド側から見る。パンタグラフはPS15を搭載。1965.3.3　中部天竜支区
P:小林正義

ホキ1035

▲ ED19 6の1エンド側フロントビュー。本機も前面窓が小さく、四隅にRがある。貫通ドア腰部の凹みには縦方向の細い帯がある。1965.3.3　中部天竜支区　P:小林正義

▲ 左ページと同じED19 6の1エンド側の1969年時点の姿。デッキステップ脇の手スリが白く塗られているのが目立つ。1963.3.26　中部天竜支区　P:戸枝裕雄

豊

▲ ED18 3とED19 6、ラストナンバー同士が並んだ。イギリス製とアメリカ製、それぞれが見せる個性が対照的である。1963.3.26　中部天竜支区　P:戸枝裕雄

ED19 6
豊
S

▲ED19 6は6輌中唯一、側面のエアーフィルターが原形を保っていた。1969年時点では本機も速度計が電気式になっている。
1963.3.26　中部天竜支区　P:戸枝裕雄

ED19 6

▲ 機械式速度計、信号炎管装着という時期のED19 6を2エンド側から見る。この角度では第1動輪より後のブレーキロッドが外側に張り出しているのが目立つ。
1963.3.26　中部天竜支区　P:戸枝裕雄

▲ 2エンド側のデッキ部を見る。前端梁のエアーホースにつながる空気配管が先台車坦バネの脇を通っている。実物より台車の動きが大きくなってしまうモデルでは、これを再現するには工夫が必要であろう。1963.3.26　中部天竜支区　P:戸枝裕雄

▲ エアータンクにつながる空気管がやや傾斜しているが、これは圧縮によって発生した水を流すためと思われる。また、エアータンクの脇にはディスコン棒が掛けてある。1963.3.26　中部天竜支区　P:戸枝裕雄

▲ ED19 6の区名札下にある製造銘板。ボールドウィンとウェスティングハウスをまとめた、1枚の円形となっている。1965.3.3 中部天竜支区　P:小林正義

▲ 1エンド側台車の右側を見る。第1動輪と第2動輪の砂箱を比べると、前者の方がやや扁平で取付位置もやや低い。砂箱の形状と位置も機番により微妙に異なるものがあるので、各写真をご覧頂きたい。1963.3.26　中部天竜支区　P:戸枝裕雄

◀ ED19が活躍していた頃、飯田線ではタブレットを使用していた。この角度で車体を見るとリベットやED19 6独特のエアーフィルターの形状がよく分かる。1975.3.21　駒ヶ根　P:青柳 明

おわりに

わが国における電気機関車黎明期から走り続けた輸入機ED18とED19が、ED62に置き換えられて飯田線での運用を終えたのは1976年のことである。国鉄現役蒸気機関車の全廃と同じ年で、ひとつの時代が終りを告げたことを実感した。全部で9輌の仲間のうちED18 2だけは浜松工場の入換え機として車籍を失いながらも稼働を続け、国鉄分割民営化後の1992年にJR東海で復籍のうえ、2005年まで飯田線でイベント列車を牽引した。

この2形式はもう営業路線を走ることはないであろうが、本書には全9輌の写真を豊富に揃えることができた。少数派の形式だが、1輌ごとのディテールを見比べるのも面白い。伊那路に実に魅力的な電気機関車が走っていたのだと、今改めて感じる。

ED18とED19を置き換えた新性能の改造機ED62も、引退してからすでに四半世紀以上となる。歳月の流れの早さに驚くばかりだが、ED18 2とED19 1が保存され、それぞれJR東海のリニア・鉄道館と長野県の箕輪町郷土博物館で今も見ることができるのは、ありがたい限りである。

ED19形電気機関車形式図

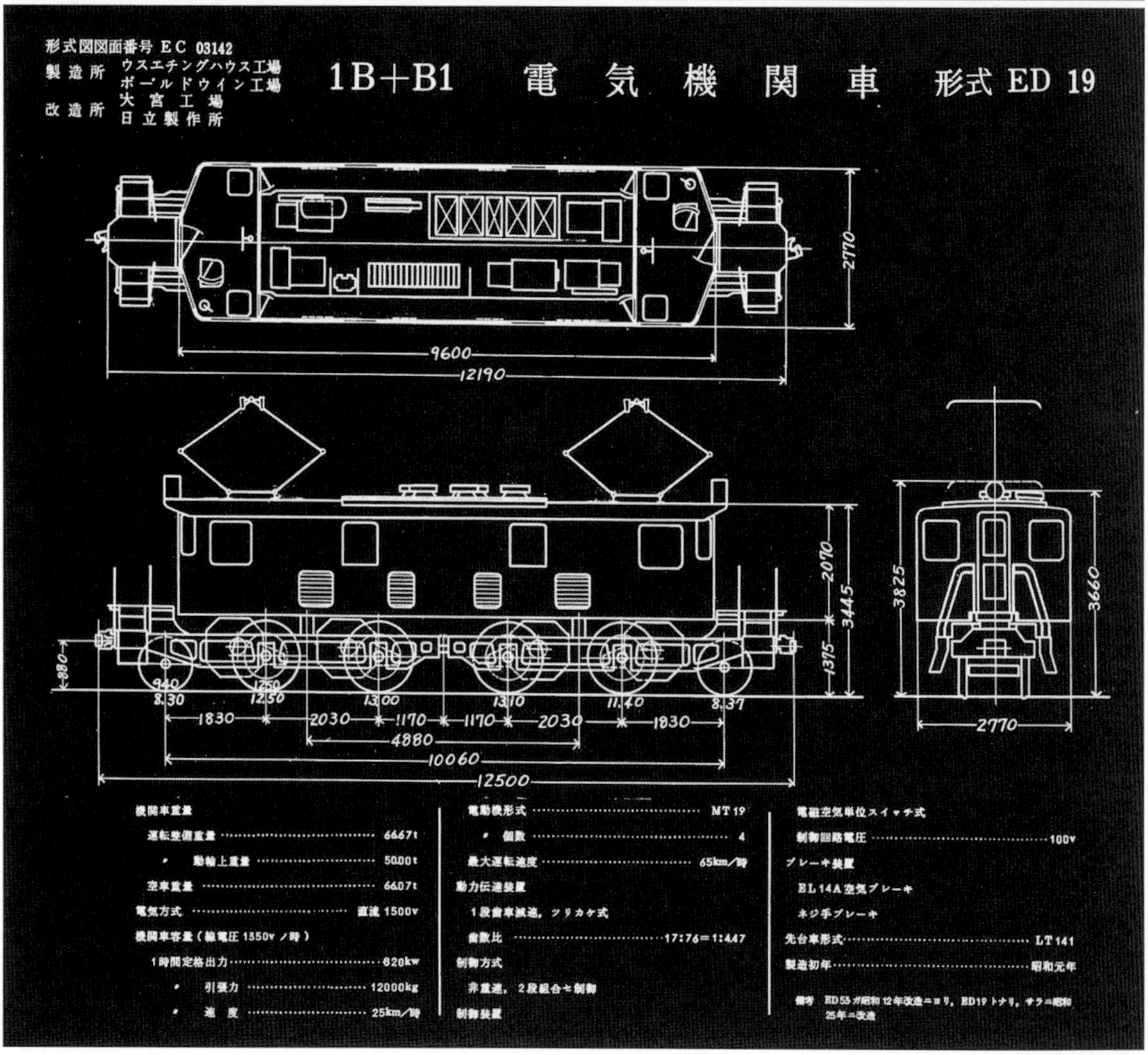